U0363168

高等职业教育建筑类专业"十二五"规划教材

建筑美术

主　编　孟繁华

副主编　张红燕　周　慧

参　编　张玮玮　张　璐　毛雪雁

　　　　晋慧斌　杨东峰

机械工业出版社

本书共分五个单元：单元 1 综合论述了建筑美术的基础分类以及建筑与美术的关系；单元 2 讲解了建筑美术选景构图与透视原理的基础知识；单元 3 讲解了素描的基础知识，并且分类细述了结构素描、明暗素描和建筑风景素描等具体内容；单元 4 讲解了色彩的基础知识，色彩静物和色彩风景绘画的原则、要点及方法步骤；单元 5 概述了速写的基本知识，讲述了速写选景构图、表现形式与画法步骤。

本书内容丰富，简明实用，并附有较多的范画作品，结合建筑类专业美术教学的特点，强调理解规律，加强造型训练，从基础知识入手，以深入浅出的方式系统地阐述了建筑美术的具体分类及绘画方法步骤。

本书适合作为职业教育建筑装饰、建筑学、城市规划、风景园林等专业教材，也可作为美术爱好者自学用书。

图书在版编目（CIP）数据

建筑美术/孟繁华主编. —北京：机械工业出版社，2013.11
（2020.11 重印）

高等职业教育建筑类专业"十二五"规划教材
ISBN 978-7-111-44695-8

Ⅰ.①建… Ⅱ.①孟… Ⅲ.①建筑艺术 – 高等职业教育 – 教材
Ⅳ.①TU – 8

中国版本图书馆 CIP 数据核字（2013）第 263875 号

机械工业出版社（北京市百万庄大街 22 号 邮政编码 100037）
策划编辑：刘思海 责任编辑：刘思海
责任校对：张玉琴 封面设计：陈 沛
责任印制：常天培
固安县铭成印刷有限公司印刷
2020 年 11 月第 1 版第 2 次印刷
184mm×260mm · 6.75 印张 · 152 千字
标准书号：ISBN 978-7-111-44695-8
定价：35.00 元

电话服务 网络服务
客服电话：010-88361066 机 工 官 网：www.cmpbook.com
010-88379833 机 工 官 博：weibo.com/cmp1952
010-68326294 金 书 网：www.golden-book.com
封底无防伪标均为盗版 机工教育服务网：www.cmpedu.com

前　言

　　对于建筑装饰、建筑设计等专业的学生来说，素描、色彩和速写是必不可少的专业基础课程。在专业基础课程的学习阶段，学生通过素描、色彩和速写的训练，造型能力、色彩把握能力和画面组织能力都能得到大幅度的提高，从而为以后的专业课学习打下坚实的基础。

　　本书是在提取、整合现有相关教材、画册，以及教学经验总结的基础之上，针对新时期职业教育建筑装饰、建筑设计等相关专业美术课程的教学特点和要求编写而成的，力求体现建筑类美术教育的培养目标，体现时代性、基础性，满足学生发展提高的需求；力求在教材中让学生能较广泛地接触中外优秀美术作品与建筑作品，拓宽视野，探索人文内涵，提高鉴赏能力和审美水平；力求培养学生逐步形成敏锐的观察力和乐于探究的创新精神，鼓励想象、创造和勇于实践，提高其解决问题的能力。

　　本书由孟繁华任主编，张红燕、周慧任副主编。具体编写分工如下：单元 1 由周慧编写；单元 2 由晋慧斌编写；单元 3 由张红燕、张璐编写；单元 4 由张玮玮、周慧编写；单元 5 由孟繁华、毛雪雁编写。书中很多画作由杨东峰提供。

　　由于编者水平有限，书中难免有不妥和错漏之处，恳请同行和读者批评指正。

编　者

目 录

单元 1

建筑美术概述

【单元概述】

本单元主要介绍了美术的基本概念；素描、色彩、速写的含义；分析了建筑与美术的关系。

【学习目标】

1. 初步理解美术，建立正确的审美意识。

2. 认识美术对建筑设计的表达和烘托，以及在建筑设计理念中的合理应用正确认识美术在建筑中的重要作用。

课题 1 基 础 分 类

美术通常指绘画、雕塑、工艺美术、建筑艺术等在空间开展的、表态的、诉之于人们视觉的一种艺术。17 世纪欧洲开始使用这一名称时，泛指具有美学意义的绘画、雕刻、文学、音乐等。我国"五四"前后开始普遍应用这一名词时，也具有相当于整个艺术的含义。

作为建筑艺术类的学生，所要学习的美术课程只是其中最为基础的三种：素描、色彩、速写。

1. 1. 1 素描

素描是与彩色绘画相对应的绘画形式，是一种单色绘画。

素描是一个从感觉到表现的过程，作为造型艺术的基础，其主要以单色线条和块面来塑造物体的形象。由于素描具有简练而又直接地掌握和发挥各种造型因素的特性和功能，所以它是艺术入门和不断提高艺术素养的必经之路。素描对于美术训练来说是一门主课，是不可缺少的基本功。

1. 素描的发展史

（1）素描在西方的发展

素描在西方的发展演变经历了漫长的过程。早在古希腊时期，艺术家们所画的素描就已运用透视缩短和明暗法进行造型，并对后世产生了深远影响，但此时的明暗法和透视缩短法还不够严谨完善。文艺复兴时期，艺术家发现并总结出了科学系统的透视规律和明暗法则。

16 世纪以来，师徒相传的作坊式艺术教育发展成"学院式"教育，这样的教育形式有效地促进了素描的发展。发展到 19 世纪，艺术家把"眼所看到"的要求提到一个新的高度，色彩上的新发现也深刻地影响着素描明暗法则及光线折射原理的运用。在 20 世纪，艺术家们又对这些法则加进更多个人的理解和认识，同时由于东西方艺术交融所产生的巨大影响，使素描的面貌、作用、样式发生了极大的变化。

(2) 素描在我国的发展

西方素描在明末时期传入我国，因与中国文人的审美传统相距甚远而未得到积极的反应。至清末，一些中国画家根据中国画的特点，吸收了西式画法中凹凸晕染的成分。"五四"以后，大批学子留学归来，开始大力提倡西式绘画与教学体系，随着新文化思想的传播深入，新式学校开始建立，西式艺术教育终在中国普及。

2. 素描的风格

素描发展至今，从其理念和样式风格上来分类，大致可分为古典主义素描、现实主义素描、表现主义素描和抽象主义素描四大类。

(1) 古典主义素描

最初的古典绘画所描绘的对象主要是圣经和神话中的形象，把古典绘画约束在表现理想美的理念之中，而把自然中个别真实形象的描绘放到次要地位，形成了古典绘画的独特审美境界。在技巧上，古典主义素描强调精确的素描技术和柔妙的明暗色调，并注重造型的简练概括，追求一种宏大的构图方式和庄重的风格，如图 1-1 和图 1-2 所示。

图 1-1 《自画像》拉斐尔（意）　　　　图 1-2 《巴塞尔市长雅各梅尔》荷尔拜因（德）

(2) 现实主义素描

现实主义素描即写实素描，主张客观地认识和观察事物，以深刻地反映生活。与古典主义素描不同，它反对脱离现实社会生活的学院法则，主张深刻反映真实生活的作品就是艺术的真实。现实生活中具有个性的工人、市民、农民和流浪汉成为写实主义艺术家画笔下的主要形象，如图 1-3 和图 1-4 所示。

图 1-3 《在画室坐着看书的模特》库贝尔（法）

图 1-4 《学步》米勒（法）

（3）表现主义素描

表现主义素描又称为意象素描。表现主义素描关注画家与作品之间的表达与被表达的关系，强调艺术家的主观感情和自我感受。西方绘画自后印象派开始，造型观念逐渐由具象转向意象，由再现转向表现。意象素描主张"以象进意"，是介于"具象"与"抽象"之间的一种造型美学观，它衍生了新的素描观念，拓展出更多的艺术表现形式，如图 1-5 和图 1-6 所示。

图 1-5 《在室内看书的女人》马蒂斯（法）

图 1-6 《收割的农妇》凡高（荷）

（4）抽象主义素描

19 世纪中叶，摄影技术的诞生促使抽象艺术确立了在西方绘画中真正的地位。照相机的发明，使人类获取视觉图像的手段越来越容易，迫使以"再现"为目的的绘画艺术开始深刻反省自身的使命，艺术家们不再一味地模仿自然、再现自然，而是用情绪的方法去表现概念和作画，如图 1-7 所示。

图 1-7 《面孔和茶盘前的卧女》毕加索（西）

1.1.2 色彩

1. 水粉画简述

水粉画就是用水作为媒介调和粉质颜料来创作的一种绘画形式。在中外美术发展史上，水粉画没有准确的记载。追根寻源，它是在西方的古典颜料中加入大量白粉以增加覆盖力和表现力而产生出来的画种。它使古典时期的画家能够更加充分地描绘形色明暗关系，以此接近油画的深入刻画，如图 1-8 所示。中国古代的壁画和重彩使用水胶调合色彩而成，这就是水粉画在我国的前身，如图 1-9 所示。

图 1-8 《春天的降临》伯奇菲西德·查尔斯（美）

图 1-9 《永乐宫壁画》

2. 色彩的学习与目的

素描可以训练学生的造型能力，而色彩的运用能力，则需要通过水粉画的训练来学习。在学习水粉画中，首先要培养正确的观察方法，其次是掌握色彩的理论知识，最后是不断总结色彩的实践经验。

无论是建筑装饰专业，还是建筑设计、园林设计专业的学生，都可以通过大量的水粉画训练，更好的掌握色彩的基本规律，恰当地运用色彩语言来表现对象。

1.1.3　速写

1.速写简述

速写即 sketch，意为草图、纲要、短文、概要、草拟等，表明了速写在语言、手法上所具有的独特性。速写既可以理解为单纯的速写作品，从某种角度看它又可以看作成一种绘画行为状态和一种绘画能力的实施过程。

速写作为绘画的一种表现手法，由来已久。在最初的时候，速写并不被艺术家当作独立的画种，它只是艺术家在收集创作素材时所采用的一种快速的记录方法。在经历了一段历史时期以后，速写逐渐被人们应用并重视。速写发展到今天，已经成为一个独立的画种，并向人们展示出它独特的艺术魅力，如图 1-10～图 1-12 所示。

图 1-10　人物速写　列宾（俄）

2.学习速写的目的

速写的目的是训练快速、准确的造型能力。速写对于一个绘画的初学者来说，是一项重要的基本功，是造型训练的重要组成部分。通过速写训练既能提高作画者敏锐的观察力、准确迅速的造型能力和画面构图的能力，也能表现出绘画者的艺术素养。

图 1-11　风景速写（一）　秦岭云

图 1-12　风景速写（二）　秦岭云

课题 2 建筑与美术的关系

1.2.1 美术在建筑专业中的意义

建筑是空间的围合，是以实用功能为要义，以视觉要素为主的设计空间造型。古罗马建筑大师维特鲁耶在他的经典名作《建筑十书》中对建筑提出了三个标准：坚固、实用、美观。这看似简单的六个字却对建筑的发展有着深远的影响。

意大利建筑师奈维认为："建筑是一个技术与艺术的综合体"。美国著名建筑师赖特认为"建筑，是用结构来表达思想的科学性的艺术（图1-13）"。这些观点都指出了建筑构成的三要素——建筑功能、建筑技术和建筑艺术形象。

建筑给予我们的除了实用功能，更直观的是形态的感受。我们正是通过建筑的外在形态

图1-13 《流水别墅》 赖特（美）

来感知建筑的内涵，欣赏建筑的艺术性。形状、色彩、光影、质感是建筑形态的构成要素，它们不可分割、互相依存，形成了千姿百态、风格各异的建筑作品。

形状、色彩、光影、质感这四个建筑形态的构成要素，也是美术创作中需要研究分析的元素。形状是构成建筑形态最为基本的构成要素，通过点、线、面的有机组合，塑造出建筑的形式格局，表现出建筑的基本风格；色彩依附于形态而存在，但它却是建筑环境中重要的视觉元素，色彩能最为直接地表达情感，它与其他三个构成要素相辅相成，有效地展示建筑的性质、功用并传达设计者的意图，给人以艺术的享受；光不仅能满足照明要求，而且能满足审美要求，利用光的特性，可以优化建筑空间的环境、氛围，如图1-14所示；利用不同质感的建筑材料，可以营造具有艺术特色的、个性化的空间环境，如图1-15所示。

1.2.2 美术思维在建筑设计中的作用

形式美法则是艺术形式的一般法则，它是形式构成的规律，也同样适用于建筑设计。建筑设计的形式美法则主要包括：变化与统一、对比与调和、比例与尺度、对称与均衡、节奏与韵律等等。

1.变化与统一

变化体现了不同事物的差别，统一则体现了不同事物的共性和整体联系。变化统一反映了客观事物自身的特点，即对立统一规律。在建筑设计中，形状、色彩等元素的多样化可以丰富建筑的艺术形象，但这些变化必须达到高度统一，使其统一建筑主体，这样才能构成一种有机整体的形式，如图1-16所示。

图 1-14 《光之教堂》安藤忠雄（日）

图 1-15 堪萨斯城公共图书馆（美）

图 1-16 鸟巢

2. 对比与调和

对比是强调各种视觉元素在组合中的变化关系，调和则是利用各元素的共同性，有机组合出形体的美感。对比与调和是对立统一的艺术手段。二者相辅相成，形成鲜明而不刺激、和谐而不平淡的艺术效果，如图 1-17 所示。

3. 节奏与韵律

在建筑创作中，节奏指一些元素的有条理的反复、交替或排列，使人在视觉上感受到动态的连续性，就会产生节奏感。

韵律不是简单的重复，而是构成要素进行渐变的特殊节奏。它在建筑中的重要作用是使形式产生情趣，满足人的精神享受。韵律能增强建筑设计作品的感染力，产生美感，引起共鸣，使建筑更富有张力，如图 1-18 所示。

图 1-17　曼彻斯特民事司法中心　　　　　　　　　　图 1-18　立方住宅

4. 比例与尺度

比例是指建筑的各种大小、高矮、长短、宽窄等的比较关系。人们在长期的生产实践和生活活动中一直运用着比例关系，并以人体自身的尺度为中心，以自身活动为根据总结出各种尺度标准，体现于衣食住行的器用和工具的制造中。一切造型艺术都存在比例与尺度是否和谐的问题。和谐的比例可以引起人们的美感，舒适的尺度可以给予方便（图 1-19），理想的建筑离不开比例与尺度的协调。

5. 对称与均衡

对称是同形同量的形态，如果用直线把画面空间分为相等的两部分，它们之间不仅质量相同，而且距离相等。对称给人以秩序美感，表现出安静稳定、庄重威严的氛围。

均衡是同量不同形的形态，在特定空间范围内，建筑要素之间保持视觉上力的平衡关系。与对称不同，均衡带给人的是轻快而活泼的感觉，如图 1-20 所示。

图 1-19　巴塞罗那博览会德国馆

图 1-20　日本 ysy 住宅设计

单元小结

　　美术的主要功能是沟通，即表现。有人认为建筑美术要强调表现，就是将建筑师工作的侧重定在表达与交流，而不是建筑本身的研究。这种本末倒置带来的结果是画面的质量与建筑的质量相混淆，有时候画面的质量凌驾于建筑的质量之上。事实上，建筑设计本身是一门实实在在的，需要许多科学依据来支持的，讲究力与美、材料与艺术相结合的学科。对于建筑来说，美术本身就是以表现设计者的创意为目的，科学表达设计者方案的手段。

能力训练

　　1. 欣赏图 1-21~ 图 1-26 并找出一张你喜欢的现代建筑，谈论你认为它的"美"体现在了哪里？

　　2. 用铅笔简单的勾勒出你所喜欢的现代建筑，并尝试着对它进行气氛的烘托。

图 1-21　迪拜帆船酒店

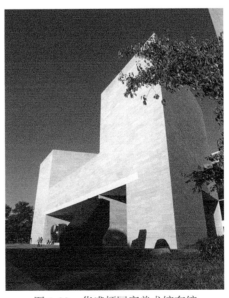

图 1-22　华盛顿国家美术馆东馆

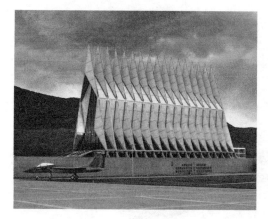

图 1-23　科罗拉多空军学校教堂

图 1-24　纽约古根海姆美术馆

图 1-25　萨伏伊别墅

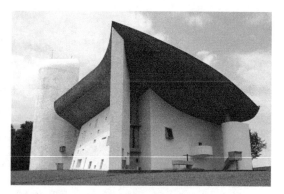

图 1-26　朗香教堂

单元2

选景、构图及透视

【单元概述】

本单元主要介绍了选景、构图的方法和运用；讲解了透视原理和透视图法。

【学习目标】

1. 根据构图的基本知识，不断实践，提高构图能力。
2. 通过透视原理的学习，掌握三种透视图法以及实际运用。

课题 1　选景与构图

在建筑美术写生中，选景和构图是一个问题的两个方面。具备一定水平的画家经常根据自己的构图原则选景，而初学者一般都根据景色的具体情况作画。建筑美术写生的题材比较广泛，比如城市建筑群、山村风光、水乡小镇、海岛渔村、船运码头、森林山峦、丘陵田野等，这些都和人们的生活环境息息相关，容易唤起人们对大自然的热爱与向往，使画者产生强烈的表现欲望（图 2-1）。建筑美术写生内容比较繁杂，对于初学者来说，要想选取一个理想的题材，组成完美的画面，往往是比较困难的。只有不断地通过写生训练提高自己的观察能力和感受力，才能较好地把握场景，组织好画面。

2.1.1　选景

选景是建筑美术写生的首要问

图 2-1　室内效果图

题。在教学中常常看到学生满
山遍野地转来转去找不到满意
的景物，其原因往往是因为学
生在外出写生之前，头脑中已
有了画面的一种假想的模式，
他们有意无意地寻找这样的画
面，其实是很难找到的。

图 2-2　室外效果图

我们选择景物，要注意些什
么呢？首先应该考虑的是大的场
景画面，也就是说整个画面中几
块大的造型能否形成非常和谐优
雅的画面效果。在这个前提下，
才能要求一定的意境，因此，色
调是主要的，选景时不一定求全，因为场面很大的全景画在色调上可能很乱。要选择单纯
一些的景物，如建筑群、一个山坡、几棵树、一座茅屋、河边的几只木船等。大自然的千
姿百态，是由自然环境、光照、色调、主题景物等诸多因素相互影响形成的，不同的季节
和气候就有不同的色调气氛，如春天嫩绿的树叶和淡黄、粉红、白色的花组成生机盎然的
画面；夏天浓郁的绿色，给人带来清凉的感受；秋天中黄色的树叶和红色果实，给人以成
熟和收获的希望；冬天银灰色的色调把人带入一种怀旧的情境，而银装素裹的雪景却是分
外妖娆。这些色调给人的不同感受，是因为季节的变化、光照和地面景物相互映衬而显现
出来的。所以说色调反映着某个季节、气候和地域的特色（图 2-2）。自然景色是美的，因
为它是具体景物与色光的统一。

在取景和组织画面构图时，要有意识地进行概括处理，一定不要将造型和色彩分开。
如果只考虑造型不考虑色彩，或只顾色彩而丢弃造型都是不合适的，应把两者很好地协调
起来。一年的四季、一天的早中晚以及自然界的色调变化万千，我们都应随时注意身边的
景象，操场的一角，宿舍楼前的花圃，校园绿树成荫的湖边都可以入景作画。有时有些非
常一般的景物，色调也一般，但当你安下心来画下去后，往往越画越有意思。

2.1.2　构图

构图是建筑美术写生画的构成要素，也是一幅画的基础，是画者根据内容和形式美法
则处理画面构成的一种手段。作为建筑美术写生，在选景之后接下来就是取景、思考、组
织构图。构图的组织处理，要依据所表现的景物和画者对其的内心感受来决定。

构图一定要强调形式感。形式感一般是指画中的景物包含着什么样的几何性的空间形
式。包含的几何性空间形式越单纯，动力感就越强，视觉效果就越鲜明。当然，几何性的
处理不能简单化，线条的组织在构图中的体现是至关重要的，形体的处理既要有变化，又
要统一，主次、疏密、藏露等安排要得当。主要景物的轮廓线和次要景物的形体的趋向线
要合理，使其有节奏感。线与形的安排，在构图上最忌讳的是长线分割画面，或形状比例
相等。构图的变化与统一也就是对比与协调，绘画中的各方面关系都是通过对比来获得，

并通过协调达到统一的目的。画面中的各种对比因素或多或少都与构图有关，如视点的变化、形体的对比变化、空间的对比变化、色块的对比变化、线的对比变化和明度上的对比变化等，这些因素都是构图的重要组成部分。

总之，在建筑美术写生过程中，应根据构图的基本知识，从简到繁，循序渐进地运用形式美的法则，总结大自然的变化规律，不断提高构图能力。

课题2　透视概述

2.2.1　透视的基本术语

1. 视平线

视平线是与画者眼睛平行的水平线。

2. 心点

心点是画者眼睛正对着视平线上的一点。

3. 视点

视点是画者眼睛的位置。

4. 视中线

视中线是视点与心点相连，与视平线成直角的线。

5. 消失点

消失点是与画面不平行的成角物体，在透视中伸远到视平线心点两旁的消失点。

6. 天点

天点是近高远低的倾斜物体，消失在视平线以上的点。

7. 地点

地点是近高远低的倾斜物体，消失在视平线以下的点。

8. 平行透视

平行透视是有一面与画面成平行的正方形或长方形物体的透视。这种透视有整齐、平展、稳定、庄严的感觉。

9. 成角透视

成角透视是任何一面都不与平行的正方形成长方形的物体透视。这种透视能使构图更富有变化。

2.2.2　透视图法

在素描中，最基本的形体是立方体。素描时，大多是以对三个面所进行的观察方法来决定如何表现立方体。另外，利用面与面的分界线所造成的角度，也能暗示出物体的深度，这就涉及透视规律。

透视分一点透视（又称平行透视）、两点透视（又称成角透视）和三点透视（又称多点透视）。

1. 一点透视

一点透视就是立方体放在一个水平面上，前方的面（正面）的四边分别与画纸四边平行时，上部朝纵深的平行直线与眼睛的高度一致，消失成为一点，而正面则为正方形（图2-3）。

2. 两点透视

两点透视就是把立方体画到画面上，立方体的四个面相对于画面倾斜成一定角度时，往纵深平行的直线产生了两个消失点，在这种情况下，与上下两个水平面相垂直的平行线也产生了长度的缩小，但是不带有消失点（图2-4）。

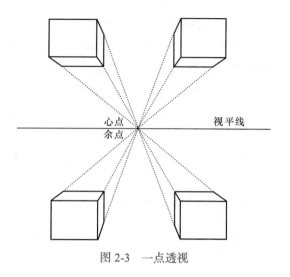

图 2-3　一点透视

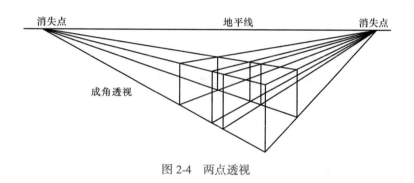

图 2-4　两点透视

3. 三点透视

立方体相对于画面，其面及棱线都不平行时，面的边线可以延伸为三个消失点，用俯视或仰视等去看立方体就会形成三点透视（图 2-5）。

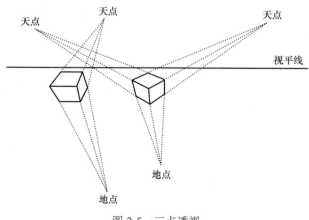

图 2-5　三点透视

单元小结

在选景作画时，画面中的各种对比因素或多或少都与构图有关。绘画中的各方面关系，可以通过透视理论的学习、实践以及与老师的交流、沟通进一步理解和加深印象。除此之外，还应掌握透视图法在绘画中的应用，提高动手能力和想象力，培养对三维形态、尺寸及相对位置的空间观察及表现能力。

能力训练

1. 简述建筑美术选景与构图的方法。
2. 完成一点、两点、三点透视图各一张。

单元 3

造型基础——素描

【单元概述】

本单元主要介绍了素描的基础知识、结构素描和建筑风景素描。

【学习目标】

1. 通过严格而规范的素描基础训练，培养扎实的造型能力，掌握正确的观察方法和熟练的表现手法。

2. 提高构图能力，培养准确地表达物体的透视、比例、结构关系的能力，以及塑造空间、体积、质与量的能力。

课题 1 素描的基础知识

3.1.1 素描概述

素描简而言之就是单色画。它是一种绘画形式，更是一门科学，是造型艺术的基础。

素描有自身的造型语言、结构规律、力度与内涵。伟大的文艺复兴巨匠米开朗基罗（图 3-1）曾说过："素描是绘画、雕刻、建筑的最高点；素描是所有绘画种类的原源和灵魂，是一切科学的根本。"学习素描有助于培养学习者正确的认识能力、观察能力、造型能力、表达能力和审美能力。宽厚扎实的基础是进入艺术殿堂必备的素质，这正是学习素描的意义所在。

3.1.2 素描常用工具与使用

素描常用工具如图 3-2 所示，其使用和效果介绍如下：

1. 铅笔

铅笔根据铅芯的软硬程度分为不同型号，用铅笔绘画效果细腻，层次丰富，比较方便修改。

2. 炭铅笔

炭铅笔颗粒较粗，硬度较铅笔大，运用炭铅笔可加强画面效果。

图 3-1 米开朗基罗

图 3-2 素描常用工具

3. 炭精条

炭精条的硬度较大，但颗粒较小，可表现出非常硬挺的效果。

4. 木炭条

木炭条一般由柳条烧制而成，可用于铺大效果，使整幅画面保持一种轻松的效果，但一般不宜在最后调整画面时大面积使用。

5. 擦笔

这种工具一般都是与炭铅笔、炭精条、木炭条结合使用，使用擦笔，可出现亮灰色比较细腻的色调。

6. 橡皮

橡皮是用来修改画面的工具，它包括硬橡皮和可塑橡皮。有时橡皮也被当成一种绘画的表现工具，用以擦出亮灰面的结构，使画面细腻、柔和。

硬橡皮一般用于起形阶段对失误线条的修改。

可塑橡皮是专门用于绘画的橡皮，它可以捏成各种形状，多用于调整大的明暗关系，也可以捏出棱角擦细小的局部，比如提亮高光。

7. 美工刀

美工刀用来削铅笔、炭笔等，是素描必备的工具。

8. 定画液

定画液是一种重要的工具，尤其是使用炭铅笔和木炭条的时候，需要备一瓶定画液。因为炭铅粉、木炭粉等容易脱落，因此画完后需要喷上定画液，以固定画面上的炭粉颗粒。

9. 透明胶

透明胶用于固定素描纸。

10. 画板

素描纸固定于画板上，方便作画。

11. 画架

如果自己所处的位置坐着看不到静物或模特（如位于后排），可以站着用画架进行作画。

12. 素描纸

作画常用专用素描纸，也可根据个人爱好来选择不同薄厚、不同粗细面的纸。

3.1.3 素描的分类及风格

1. 结构素描

结构素描就是用线条的虚实来体现物体的体积感和重量感。其特点是以线条为主要表现手段，不施明暗，没有光影变化，强调物象的结构特征，透视原理的运用贯穿在作画过程中，以理解和表达物体自身的结构本质为目的，如图 3-3 所示。

2. 调子素描

调子素描也称明暗素描，以明暗手段即黑白灰来表现物象的体积。其特点是通过光与影在物体上的变化，体现物体丰富的明暗层次、立体感、空间感以及物体各种不同的质感使画面形象更加具体，有较强的视觉效果（图 3-4）。

图 3-3　结构素描

图 3-4　明暗素描

--- 课题 2　结　构　素　描 ---

3.2.1 结构素描的含义

结构素描是指以比例尺度、透视规律、三维空间观念以及形体的内部结构剖析等方面为重点，表现方法相对比较理性，可以忽视对象的光影、质感、体量和明暗等外在因素。

结构素描是设计教学中的一门重要课程，是培养学生造型能力和设计思维能力的基础。

3.2.2　结构素描的表现方式

结构素描就是从视觉所看不到的东西开始画起，直到看到的东西结束，结构的性质是物象形式的内在规律性，内在结构往往决定着外部形态的发展。结构素描在表现方法上要由表及里，由内而外地进行描绘，要不受物体外在的、表面的形体特征所迷惑，尽量表现出它的构造关系与规律。

1）用长直线抓住物体的整体感觉，再用长直线去体现物体的长宽比例、大小比例和前后关系等，使画面形成一个整体。

2）找点。确定好物体的某一结构点或某一结构线，然后以这一结构点或结构线为参照，画出其他的结构点或线。如果能准确理解点的位置，再复杂的物体都将变得简单。

3）多用一些辅助线来帮助我们检查画得是否准确，要反复检查，反复推敲物体的内在构造规律。

4）线条的表现。线条是结构素描中最主要的艺术语言和表达方式，无论在塑造形体、表现体积和空间方面，还是表达情感方面，都显得十分明确，富有表现力和概括力。在绘画中要注意线条是随着形体的变化而变化，线条的前后关系、虚实关系和空间关系，要符合其形体结构的规律，否则就容易产生该后面去的翻到前面来了，该前面的却翻到后面去了。

3.2.3　结构素描的步骤

1）观察对象，确定构图范围和形式，用辅助线画出物体的大比例关系与基本造型，如图 3-5 所示。

2）画物体内部结构，检查物体的结构关系和透视准确性，如图 3-6 所示。

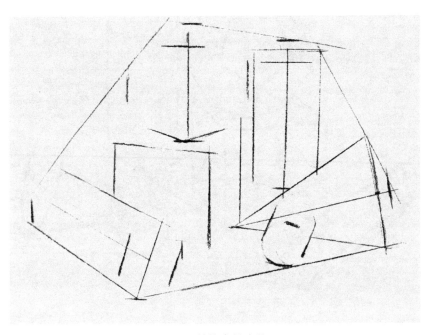

图 3-5　结构素描步骤一

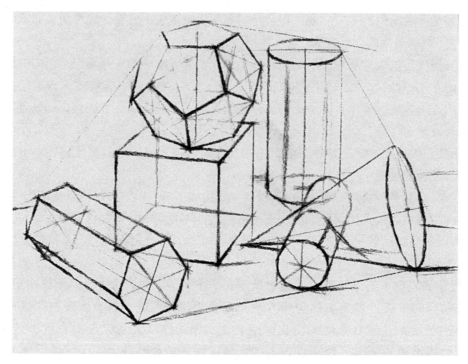

图 3-6　结构素描步骤二

3）逐步画出物体的形体起伏变化，注意线条的虚实变化，如图 3-7 所示。

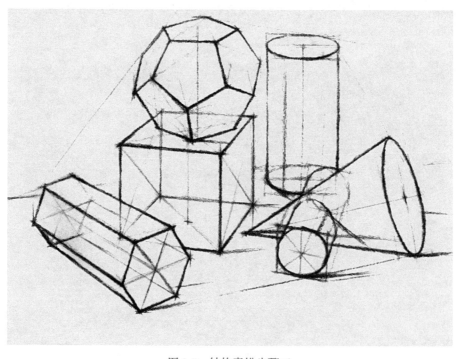

图 3-7　结构素描步骤三

4）适度加上明暗调子，强调物体的体积感和画面空间感，从整体出发，调整画面，如图 3-8 所示。

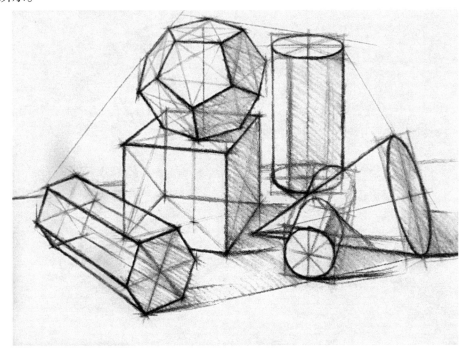

图 3-8 结构素描步骤四

3. 2. 4 结构素描优秀作品精选

图 3-9 用线将几何形体的结构加以分析，从整体着手，表达出物体的各个关系。

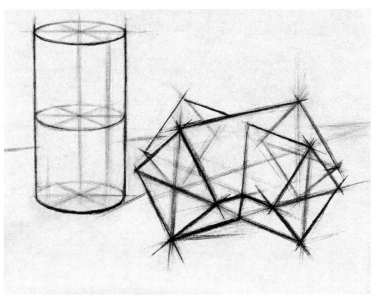

图 3-9 《圆柱与长方体十字架》 毛雪雁

图 3-10 中各个几何形体的结构严谨，空间关系准确，采用三角形构图，画面稳定。

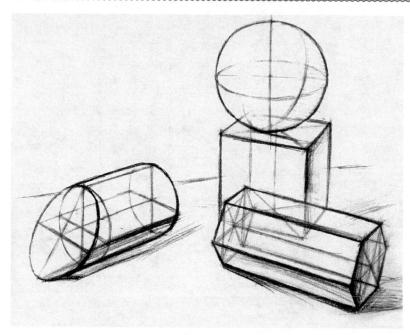

图3-10 《多个几何形体组合》 张玮玮

素描作品图 3-11，运用多种不同的线面较准确地表达了几何形体的结构、透视，画面层次分明、空间关系处理得较好。

图3-11 《带调子的几何形体组合》 周慧

图 3-12 和图 3-13 两幅作品从全局出发，从大处入手刻画，注重人物头像的结构和比例关系，突出主要五官的刻画，使形象准确、生动。

图3-12 《人物头像结构素描一》 晋慧斌

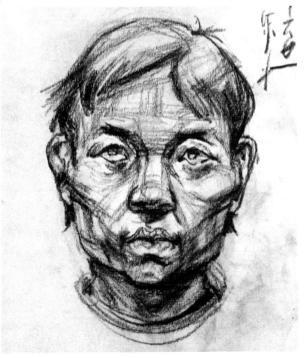

图3-13 《人物头像结构素描二》 晋慧斌

图 3-14 以线条为主来强调表现对象的形体结构关系，运用娴熟的素描语言对胸像的体积结构进行了很好的塑造。

图3-14 《莫里哀胸像》 张璐

图 3-15 充分考虑到物体局部与整体的组合、分离关系等，用虚实不同和简洁明了的线条表现出了物体的轮廓、比例、结构转折等因素。

图3-15 《圆雕静物组合结构素描》 张红燕

课题 3　明暗素描

3.3.1　明暗素描的含义

明暗素描，就是通过受光面、中间面、明暗交界线、反光和投影五个调子来表现物体的立体感、质感、明暗调子、空间感、虚实关系等，以研究造型的基本规律，强调素描艺术的直观真实性，画面以追求强烈视觉艺术效果为主要目的来表现各种物象的关系。

3.3.2　明暗素描的表现方式

素描需要分析明暗规律与理解结构，要求画者以明暗层次为手段，充分、生动地表达客观对象的体积感、质感、量感、空间氛围以及某种程度的色感（图3-16）。

1）在明暗素描的绘画中，明暗交界线非常重要，作画时从明暗交界线入手结合形体结构来表现，能较容易把握整体关系并使物体达到较强的体积感和空间感。

2）中间面是物体层次最丰富的部分，也是我们表现对象质感和色调的主要部分。在写生中应特别注意中间调子的形体塑造，但要注意与暗面、反光的层次差别，避免画得雷同。

图 3-16　明暗素描

3）物体的暗面受环境和物体的影响会产生反光。通常情况下反光的明度不会超过亮面的亮度，这些现象在作画时要特别留心观察和把握。

4）对于光线照于物体形成的投影，作画时不能简单地画成一团黑，因为投影同样被散射的光线所影响，由此产生了深浅差异，形成相应的起伏变化，写生时要把这个变化刻画出来，使画面的明暗变化更加丰富。

3.3.3　明暗素描的步骤

1）构图起轮廓，注意观察物体之间的比例和空间关系，画出大致位置，如图3-17所示。

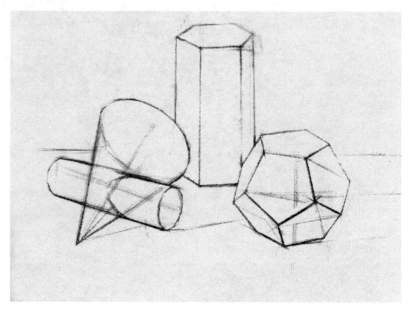

图 3-17　明暗素描步骤一

2）画出结构造型并找出明暗交界线，画大体明暗关系，如图 3-18 所示。

图 3-18　明暗素描步骤二

3）深入刻画、局部塑造，将观察分析到的变化表现在画面中，使物体更具立体感和空间感，如图 3-19 所示。

图 3-19　明暗素描步骤三

4）整体调整，在前面局部深入刻画中，难免会出现和整个调子不和谐的地方，针对这些地方进行修改，使其在形体上更准确，色调上更统一和谐，如图 3-20 所示。

图 3-20　明暗素描步骤四

3.3.4　明暗素描优秀作品精选

> 图 3-21 构图稳定，结构严谨，层次丰富，空间关系准确。

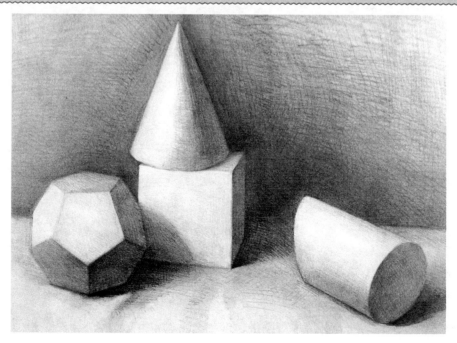

图3-21　《几何形体明暗素描》　张玮玮

图 3-22 构图完整，几何形体造型严谨，空间感、体积感较强，画面刻画细致。

图3-22 《多个几何形体明暗素描》 周慧

图 3-23 造型严谨，构图稳定，石膏的坚硬和衬布的柔软刻画到位，质感表现准确。

图3-23 《复杂几何形体明暗素描》 周慧

29

图 3-24 虽然只有两个物体，但是作者将灯泡的质感刻画得很充分，画面深入细致，体现了作者比较扎实的素描功底。

图 3-24　灯泡与节能灯管　毛雪雁

图 3-25 构图均衡、稳定，物体刻画得突出、准确。

图 3-25　《陶罐、陶壶及其他》　张红燕

图3-26 空间关系准确，陶罐、瓷瓶、瓷盘、水果和衬布的质感均画刻细腻到位。

图3-26　《陶器和水果》杨东峰

图 3-27 用笔娴熟,轻松地表现出了物体的质感和体积感,不难看出作者扎实的素描功底和熟练的表现方法。

图 3-27   《陶瓷摆件》 张璐

图 3-28 中变形铁皮桶和圆柱形工业零件的结构和质感的对比表现准确到位，空间关系处理得当。

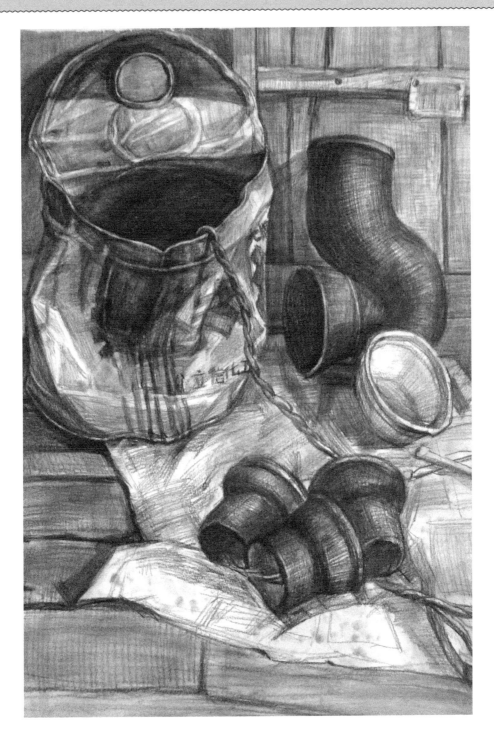

图 3-28 《变形的铁皮桶和废旧零件》 张红燕

图 3-29 表现的重点在红酒瓶和衣服，它们大小及质感的对比，丰富了画面的层次。近处的桌子和远处的凳子处理得较好，从而拉深了空间关系。

图 3-29 《衣服和红酒瓶》 张璐

图 3-30 哭的神态画得较准确，黑白灰处理较好，表现出了石膏挂面像面部的层次感。

图 3-30 《哭孩》 张红燕

图 3-31 的每个物体都进行了深入刻画，表现出了不同物体的不同质感，同时注重了画面的整体感，使得整个画面既整体又细致。

图 3-31 《陶瓷和玻璃器皿》 张璐

图 3-32 这幅圆雕静物组合作品造型准确生动，画面色调层次非常丰富，充分考虑了物体之间的关系。

图 3-32 　《圆雕和玻璃瓶子》 　张红燕

图 3-33 和图 3-34 为人物头像作品，其造型准确，眉毛、眼睛等刻画出了不同深浅层次的微妙变化。

图 3-33　《抽烟的男青年》　孟繁华

图 3-34　《女青年》　晋慧斌

图 3-35 表现出作者高水准的造型能力，细节刻画深入，整个画面显得厚重却不失细腻。

图 3-35 临摹丢勒作品 孟繁华

图 3-36 人物面部处理详细准确，手部刻画仔细，画面整体感强，黑白灰关系分明，是一幅优秀的长期半身像明暗素描。

图 3-36 《中年男子》 张云山

课题 4　建筑风景素描

3. 4. 1　建筑风景素描写生的要点

风景写生是造型训练的一个重要手段，它有不同的季节变化、不同的地域特征、早中晚光线的转换、阴晴雨雪天气的变化等，为我们学习掌握造型规律营造了极好的客观环境。写生的主要步骤如下：

1）取景。从不同角度寻找自然景色的亮点，组成耐人寻味的画面，如图 3-37 所示。

2）依照统一的比例，准确把握建筑的透视变化。

3）抓住建筑的结构和样式特征。中国南方和北方的居民建筑截然不同，通过建筑的屋顶、门窗、墙饰等典型特征，反映出不同的民风乡情。

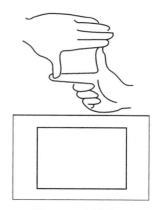

图 3-37　取景手法

4）注意建筑的质感表现（如高楼大厦与农家小院、茅屋与瓦房等）。不同的质感特征和表现方法，将会给画面带来丰富的变化，从而增强艺术感染力，如图 3-38 所示。

图 3-38　风景素描　张红燕

3.4.2　建筑风景素描优秀作品精选

图3-39线条优美，构图精巧，黑白灰色调对比吸引人，画面中近景的树木刻画细致，成为本作品的点睛之处。

图3-39　《远山》　孟繁华

图3-40用笔大气，整体感较强，画出了太行山的特点。

图3-40　《太行山》　张璐

图 3-41 构图大气，层次丰富，主体物表现细腻，画出了不同物体的质感，体现出作者扎实的素描功底。

图 3-41 《绝壁》 孟繁华

图 3-42 为一幅钢笔素描作品，其刻画细腻，结构准确，黑白灰关系处理得当。

图 3-42 　《津门洋楼》 周慧

单元小结

素描是建筑美术的基础课，是建筑师必备的造型能力训练。通过训练应能够直接用虚实不同的线，将物体的比例、轮廓、结构转折等本质因素，不加更多修饰地描绘出来，提高观察研究造型的能力和徒手艺术表现力，促进形象思维和审美水平的提高，增强设计创新的基本素质。

能力训练

1. 几何形体素描训练。
2. 静物素描训练。
3. 建筑风景素描写生训练。

单 元 4

造型基础——色彩

【单元概述】

认识色彩规律，掌握一定的色彩理论知识，培养正确的色彩观察方法和色彩表现能力。

【学习目标】

1. 掌握色彩的基本理论知识和表现方法。
2. 具备对色彩进行观察、概括、取舍、表达的能力。
3. 提高色彩感知能力和色彩修养。

课题 1 色彩的基础知识

4.1.1 色彩概述

色彩是通过眼、脑和我们的生活经验所产生的一种对光的视觉效应。在人类物质生活和精神生活发展的过程中，色彩始终焕发着神奇的魅力。人们不仅发现、观察、创造和欣赏着绚丽缤纷的色彩世界，还随着时代的变迁不断深化着对色彩的认识和运用。人们对色彩的认识和运用过程是从感性升华到理性的过程。所谓理性色彩，就是借助人所独具的判断、推理、演绎等抽象思维能力，将从大自然中直接感受到的纷繁复杂的色彩印象予以规律性的揭示，从而形成色彩的理论和法则，并运用于色彩实践。

经验证明，人类对色彩的认识与应用是通过发现差异，并寻找它们彼此的内在联系来实现的。因此，人类最基本的视觉经验得出了一个最朴素也是最重要的结论：没有光就没有色。白天使人们能看到五色的物体，但在漆黑无光的夜晚就什么也看不见了。倘若有灯光照明，则光照到哪里，便又可看到物像及其色彩了。

1. 色彩的存在条件——光、可见光、光谱色

所谓光，就其物理属性而言是一种电磁波，其中的一部分可以为人的视觉器官——眼所接受，并作出反应，通常被称为可见光。因此，色彩应是可见光作用所导致的视觉现象。可

见光刺激眼睛后可引起视觉反应，使人感觉到色彩和知觉空间环境。可见光很普通，凡视觉正常的人都可感觉到它，可见光又神秘莫测和千变万化，因为除了看见之外，没有别的办法加以接触、稳定和认识。因此古今中外的许多科学家、艺术家、思想家都曾观察、研究和思考它，但几乎都没有找到令人信服的答案。尽管牛顿把光作了分解，然而有人把这说成是"破碎了的光"。

光的物理性质由光波的振幅和波长两个因素决定。波长的长度差别决定色相的差别。波长相同而振幅不同，则决定色相明暗的差别，即明度差别。

有光才会有色，光产生于光源。光源有自然的和人造的两类。现在我们知道，被认为是白色（或无色）的阳光和所有的灯光都是由各种波长与频率的色光组成的，这些色光依次排列，即所谓"光谱"。不同光谱的灯如白炽灯、荧光灯等所发出的光，其色彩感觉也不同。

太阳光的光谱开始被认为是由红、橙、黄、绿、青、蓝、紫七色组成，后来有人提出由红、橙、黄、绿、蓝、紫六色组成，理由是青和蓝色光始终未能测定其确切的波长界限差值。

用颜料配出和色光标准色相一致的六种色，定为颜料的标准色，即红、橙、黄、绿、蓝、紫。

2. 固有色、光源色、环境色

（1）固有色

固有色是指物体本身的颜色，但人们所看到的物体的颜色都是对光源色吸收或反射形成的，它会因受到不同光源色和环境色等影响而产生变化，所以固有色并不是绝对的。

（2）光源色

自行发光的物体产生的色光称为光源色。光源色的颜色会对物体的颜色产生变化，光源色的光亮强度会对照射物体产生影响，强光下的物体色会变淡，弱光下的物体色会变得模糊发暗，只有在中等光线强度下的物体色最清晰可见。

（3）环境色

环境色是指某物体受到反射光的作用，直接影响到固有色的变化。表面光滑的物体受环境色影响较大。色彩写生的重点难点就是对环境色的观察与表现。

3. 色彩三原色、色彩混合与色系

在千变万化的色彩世界中，人们视觉感受到的色彩非常丰富，按种类分为原色、间色和复色，但就色彩的系别而言，则可分为无彩色系和有彩色系两大类。

（1）色彩种类

1）原色。色彩中不能再分解的基本色称为原色。原色能合成出其他色，而其他色不能还原出本来的颜色。原色只有三种，色光三原色为红、绿、蓝，颜料三原色为品红（明亮的玫红）、黄、青（湖蓝）。色光三原色可以合成出所有色彩，同时相加得白色光，如图4-1所示。颜料三原色从理论上来讲可以调配出其他任何色彩，同色相加得黑色，因为常用的颜料中除了色素外还含有其他化学成分，所以两种以上的颜料相调和，纯度就受影响，调和的色种越多就越不纯，也越不鲜明，颜料三原色相加只能得到一种黑浊色，而不是纯黑色，如图 4-2 所示。

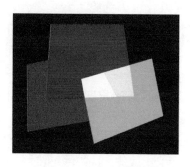

图 4-1　色光三原色

图 4-2　颜料三原色

2）间色。由两个原色混合而成的是间色。间色也只有三种：品红、黄、青（湖蓝）。颜料三间色即橙、绿、紫，也称第二次色。必须指出的是色光三间色恰好是颜料的三原色。这种交错关系构成了色光、颜料与色彩视觉的复杂联系，也构成了色彩原理与规律的丰富内容。

3）复色。颜料的两个间色或一种原色和其对应的间色（红与绿、黄与紫、蓝与橙）相混合得复色，也称第三次色。复色中包含了所有的原色成分，只是各原色间的比例不等，从而形成了不同的红灰、黄灰、绿灰等灰调色。

（2）色系

1）有彩色系：指包括在可见光谱中的全部色彩，它以红、橙、黄、绿、蓝、紫等为基本色。基本色之间不同量的混合、基本色与无彩色之间不同量的混合所产生的千千万万种色彩都属于有彩色系。有彩色系中的任何一种颜色都具有三大属性，即色相、明度和纯度。也就是说一种颜色只要具有以上三种属性都属于有彩色系。

2）无彩色系：指由黑色、白色及黑白两色相融而成的各种深浅不同的灰色系列。从物理学的角度看，它们不包括在可见光谱之中，故不能称之为色彩。但是从视觉生理学和心理学上来说，它们具有完整的色彩性，应该包括在色彩体系之中。

无彩色系按照一定的变化规律，由白色渐变到浅灰、中灰、深灰直至黑色，色彩学上称为黑白系列。无彩色系的颜色只有明度上的变化，而不具备色相与纯度的性质，也就是说它们的色相和纯度在理论上等于零。

4. 色彩三属性

（1）色相

色相即每种色彩的相貌、名称（图 4-3），如红、桔红、翠绿、湖蓝，群青等。色相是区分色彩的主要依据，是色彩的最大特征。色相的称谓，即色彩与颜料的命名有多种类型与方法。

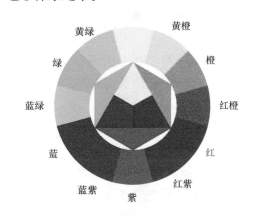

图 4-3　伊顿色相环

（2）明度

明度是色彩的明暗差别，即深浅差别（图 4-4）。色彩的明度差别包括两个方面：一是指某一色相的深浅变化，如粉红、大红、深红，都是红，但一种比一种深；二是指不同色相间存在的明度差别，如六标准色中黄最浅，紫最深，橙和绿、红和蓝处于相近的明度之间。

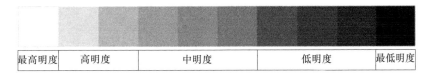

最高明度	高明度	中明度	低明度	最低明度

图 4-4　明度等级系列

（3）纯度

纯度即各色彩中包含的单种标准色成分的多少（图 4-5）。纯的色色感强，即色度强，所以纯度也是色彩感觉强弱的标志。物体表层结构的细密与平滑有助于提高物体色的纯度，同样纯度油墨印在不同的白纸上，光洁的纸印出的纯度高些，粗糙的纸印出的纯度低些。

最高纯度	高纯度	中纯度	低纯度	最低纯度

图 4-5　纯度等级系列

4.1.2　色彩的表现训练

1.整体色调的把握

在色彩写生中，整体观察是基础所在。物体的固有色、光源色和环境色都要全面考虑在内，注意整体色调的把握，生动准确地描绘物体之间的色彩关系，调整好局部和整体、变化与统一的关系，图 4-6 中的整体色调就处理得较好。

图 4-6　瓶子、杯子、水果及其他　孟繁华

同样的物体，不同的光源色，会产生不同的暖调和冷调，如图 4-7 所示。

a)   b)

图 4-7　暖光与冷光下的静物　杨东峰

2. 不同质感的表现

不锈钢、陶瓷类物体（图 4-8、图 4-9）由于其表面光滑，对光的反射强烈，受环境色影响较大，作画时，除了描绘物体的固有色和光源色外，还要考虑环境色的变化。

图 4-8　不锈钢水壶   图 4-9　陶罐

玻璃（图 4-10、图 4-11）、塑料制品等透明或半透明的物品，高光、反光较多，也容易受环境色的影响，在描绘时应以背景或玻璃的固有色为基调，再细部刻画，注意高光的取舍，以免显得过于凌乱。

图 4-10　玻璃杯

图 4-11　啤酒瓶子

　　在写生中常见到水果、蔬菜这类物品（图 4-12、图 4-13），它们往往具有鲜明的固有色，表面不如瓷器、不锈钢类物品光滑，因此受环境色影响较小。刻画时注意抓住主要特点，不要陷入过小的细节。

图 4-12　简单的水果

图 4-13　常见的几种蔬菜

花卉的刻画相对较难，处理时可以把花卉分组表现，把握好花、叶、茎及背景的关系，要注意明暗关系，体现出空间感，如图4-14所示。

图 4-14   《花瓶里的雏菊》   杨东峰

课题 2   色彩静物写生

4.2.1   静物的构图

1.构图的两个原则

（1）"完整"的原则

要求画面饱满、舒适，形象完整，主题突出。一些学生往往容易把物体对象画得太大或太小，过于集中或过于松散，都不能给人以美感，失去了构图的意义。

（2）"变化统一"的原则

变化统一是构图的手段，构图的美学原则主要是既要有对比和变化，又要能和谐统一，最忌呆板、平均、完全对称及无对比关系的画面。画面如果有聚散疏密和主次对比，有内在的接合及非等量的面积和形状的左右平衡，就会产生生动、多变、和谐统一的画面效果。

构图原则是对画面内容和形式整体的考虑和安排，同时在构图中还要注意三个要点：

1）画面主体图形的位置。主要部分置于画面中心，将对象整体与边框距离处理得当。要注意"画面中心"并不是画面的等分中心，它是以人的视觉方式确定的。这一中心，是以黄金分割定律原理确定的位置，即以1∶0.618的比例分割画面，得出画面中的四个相交位置，这四个位置即是接近画面中心的"构图中心点"。我们可以将写生对象的主要部分，置于其中任何一点，即可得到满意的构图形式。

2）非主体图形的位置以及与主体图形的关系。画面的主体中心确定之后，就要考虑次要物体及陪衬物体的定位。主体物可以是一件较大的物体，也可以是几个组合物；次要物体一般在面积上应小于主体物；而陪衬和点缀物的单体面积则应更小一些；衬布的选择与安排应考虑画面的色调联系；画面物体的组织与安排，有了主次、大小变化就能使我们较容易地制造丰富的对比和变化。

　　3）画面底形的位置以及与图形的关系。在三个要点中，第一要点是构图的决定因素，它在画面中的位置决定了画面的样式。一般来讲人物头像类构图的应用相对简单，而静物、风景类构图的应用则相对复杂一些。学生需要对此进行专题学习和训练，认真掌握好它的操作步骤和方法，以及其表现原则和样式类型。

　　2. 构图的样式

　　构图的样式分为两大类：对称式构图和均衡式构图。

　　（1）对称式构图　主形置于画面中心，非主形置于主形两边，起平衡作用，底形被均匀分割，如图 4-15 所示。对称式构图一般表达静态内容。对称构图的变化样式有：金字塔式构图、平衡式构图、放射式构图等。

图 4-15　对称式构图

　　（2）均衡式构图　主形置于一边，非主形置于另一边，起平衡作用，底形分割不均匀，如图 4-16 所示。均衡式构图一般表达动态内容。其构图的样式有：对角线构图、弧线构图、渐变式构图、S 形构图、L 形构图等。

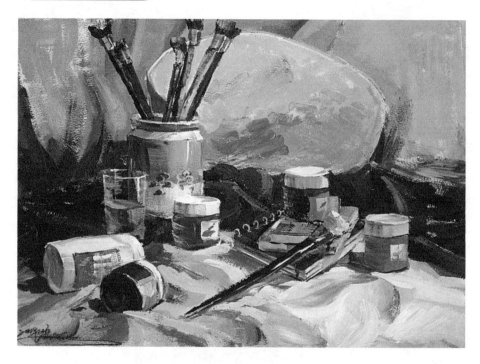

图 4-16 均衡式构图

4.2.2 静物写生的方法步骤

1) 面对静物不要急于动画笔，应首先对静物进行观察，选择最能表现主题的位置进行构图。开始着色时，直接用单色起稿，确定好静物的黑白灰关系，运用大笔触铺色，使物体产生空间感和体积感，如图 4-17 所示。

图 4-17 色彩写生步骤一

2）背景基本画完，大的色块基本铺开。注意静物前后的空间关系，在画色彩关系的同时注意调整素描关系，做到层次清楚，虚实得当，如图 4-18 所示。

图 4-18 色彩写生步骤二

3）画红衬布时，按布的基本纹理作具体表现，如此处理，笔触就形成了对比，衬布的空间也就容易拉开。此阶段要有目的、有顺序地逐步深入，速度不宜快，观察要细致，落笔要肯定，如图 4-19 所示。

图 4-19 色彩写生步骤三

4）局部刻画完之后，对整个画面进行调整，使那些在局部刻画中容易出现的乱、碎、花、脏的部分得以调整，达到协调统一，如图 4-20 所示。

图 4-20　色彩写生步骤四

5）最后是统一调整阶段。在这一阶段主要是多看、多思，下笔慎重，表现好画面的视觉中心，把握画面的整体冷暖关系，虚实和空间关系，如图 4-21 所示。

图 4-21　色彩写生步骤五

每幅画完成之后，需总结经验，找出问题，以求不断进步。

4.2.3　色彩静物作品精选

> 图 4-22 构图完整，结构准确，色彩概括力强，注重环境色的表现，质感表现到位。

图 4-22　《色彩斑斓》　孟繁华

> 图 4-23 造型生动，色彩稳重，物体刻画细致。

图 4-23　《蔬菜的美感》　杨东峰

图 4-24 大部用冷调色彩表现瓷器和衬布，一些蔬果用暖调色彩表现，色调统一但不失变化。

图 4-24 　《可乐与蔬果》 　周慧

图 4-25 笔触大胆果断，用色准确稳重，空间关系表达得当。

图 4-25 　《苹果与葡萄》 　孟繁华

图 4-26 看似描绘物体繁多，却并不琐碎，采用三角形构图，画面稳定，纯度的降低，色彩更显淡雅。

图 4-26 《蔬菜与调料》 张红燕

图 4-27 构图活泼，表现的主体是色彩较为淡雅的百合和菊花，同时鲜艳的水果与素色的鲜花形成对比，给画面增加了色彩。

图 4-27 　《盛开的百合与菊花》　孟繁华

图 4-28 笔触随形而定，大胆干脆，笔触对质感的表现可谓锦上添花。

图 4-28   《唐三彩与马灯》   晋慧斌

图 4-29 以超写实的手法表现了各种不同的素材，形体造型准确，用笔细腻，色彩运用到位，质感真实。

图 4-29　《集合》　杨东峰

图 4-30 非常注重固有色、环境色和光源色的联系，色调统一却不乏变化。

图 4-30 《色彩交响曲》 张玮玮

图 4-31 用细腻的笔触细致地刻画了不同质感的物体，色调厚重沉稳。

图 4-31 《羊头、鱼缸与瓷瓶》 周慧

图 4-32 视角独特，构图看似散乱，实则有规可循，结构准确，笔触肯定，用色沉稳。

图 4-32　《散乱的静物》　张璐

图 4-33 结构准确，用笔大胆，色彩丰富，质感表现到位。

图 4-33　《淋漓的油漆桶》　孟繁华

图 4-34 注重意境的表现，整体色调清新统一。

图 4-34 《绿》 杨东峰

图 4-35 用灰色的背景来衬托色彩丰富的静物，用笔细腻，空间关系表达准确，质感真实。

图 4-35 《书法前的静物》 杨东峰

图 4-36 笔触大胆，色彩丰富，画面充实。

图 4-36　《盛放》　张玮玮

图 4-37 用简单的形体表现了准确的空间关系，着色大胆。

图 4-37 《海南印象》 张玮玮

图 4-38 色彩鲜艳，充斥着浓郁的热带风情，构图饱满。

图 4-38 《热带的菠萝》 张玮玮

图 4-39 构图讨巧，冷暖对比强烈，调子清新舒服，笔触娴熟大气。

图 4-39 《水果与瓶子》 孟繁华

图 4-40 前后关系明确，水果的表现恰到好处，画面形成一个整体，中心明确，色彩鲜艳。

图 4-40 《瓜果》 孟繁华

课题3　色彩风景临摹、写生

4.3.1　风景写生的要点

在风景写生的过程中，首先碰到的问题就是如何取景构图，具体来说就是如何在连绵不断的视野中截取最理想的部分，使之成为一张画的画面，以及怎样进行画面的安排。风景写生教学涵盖取景构图、色调选定、塑造、修改等众多过程的训练，而取景构图处于最前端，又可以将取景溶入构图的内容，也就是解决怎样收集最理想的景色以及进行最理想的安排这一问题。绘画之所以区别于摄影，就是忠实于自然的同时，又在作品中渗入作者的感受，将感兴趣的，经大脑提炼的景色表现出来，而不是面面俱到。怎样做才不会面面俱到，构图取景在这就体现出了它的重要地位。

4.3.2　风景中具体景物的表现

风景中的明暗就是在阳光照射下物体所反射的光线，主要强调空间和体积，明暗对比强则可以产生空间感。主要的景物可画得实、浓一些，反之要虚、淡，这样不但表现出画面的情趣，而且可以增强空间感。空间层次的表现，关键在于处理好近、中、远三个层次的景物。我们要学会面对复杂的景物，有意识地进行组织，将景物加以归纳，灵活运用透视、色彩知识及各种处理手法。冷与暖是色彩画风景的精髓。在自然光的照射下，亮部呈暖色，暗部呈冷色。比如：亮部是偏黄，暗部就要偏紫（对比色）。冷暖对比也可以产生空间感，近景偏暖，远景就要偏冷。颜料的厚与薄：近景要厚，远景要薄。因为薄的话，就能把远景推得很远，反之颜料厚就能把薄与厚的距离拉开了。

1. 树木

大自然的树有很多种类，特征各有差异，因季节不同、气候变化、地域差异等因素，其色彩和形态各异。树是由树叶、树枝、树干、树根组成的，树叶有疏密、粗细、上下不同的节奏感，应把树叶的明暗块面分清楚，用大笔触来画，大块面概括。不要把树叶一片片来画，否则树就显得琐碎而不整体了。只有在树叶稀疏的地方，有时才有必要把叶子的形状特征表现出来，但运笔要自然，大小结合，疏密间隔要恰当。画树一般来说是先画叶，后画干、枝。画茂盛的树丛或单棵树，一般是先画树冠部分，然后勾枝杆。勾枝杆的用色与画树干部分的用色相类似，树冠部分的边缘宜虚，背光部位要注意环境色的影响，树叶的用笔要体现不同类型树的特征。画树叶稀疏的树，一般先勾枝，后画叶，也可一边勾枝杆，一边画树叶，这类树组织要疏密得当，用笔要肯定。画远景的树要整树取势，外形要概括简练，要和远景部分融为一体。

图4-41、图4-42都是树的表现，前后关系明确表现恰到好处，整幅图的画面形成一个整体，中心明确。

2. 建筑物

建筑物造型风格多样，不同地域、不同年代的民居、园林、寺庙建筑造型千姿百态。表现建筑物时要掌握焦点透视原理与规律，要基本符合视觉效果。构图时要

图 4-41 《秋》 孟繁华　　　　　　　　图 4-42 《春》 孟繁华

慎重选择视点、视距，组织好建筑块面的黑、白、灰关系，研究建筑物的结构特点。建筑物是人类活动或居住的场所，应充分体现生活气息，在刻画建筑物高矮位置的同时，要注意表现与人有内在联系的一些点缀物。

如图 4-43 所示，此作品呈灰调子，空间关明确，色调统一。

3. 天空

天空在风景画中占有重要地位，它可以表现出季节、阴晴、气候等特征，它的明暗色度的变化，影响着大地上各种物体，从而形成一种气氛，支配着整个画面的色调。在不同的季节、气候、光线条件下，天空呈现的色彩是不同的，冬季的天多是铅灰色，晴朗的天是蔚蓝色，秋高气爽的天洁净辽阔。

天空不是一个简单的平面，从近高远低、近大远小的透视原理上讲，天空的透视都在人的视平线以上，它给我们的感觉应是一个由近到远、从高到低、从左至右，类似一个半圆体的深远透视现象。

天空的云彩与季节和气候有关。春天为薄云、条云，很少成团块；夏季多积云，轮廓明显；秋天的云变化无穷，而且瑰丽多彩；冬天的云散布面较广，较呆滞，多团块，这是不同季节里云的特征。天空的云彩有明显的受光和背光感觉，会呈现较强的体积感，而且有较明显的飘动感，表现时要简略概括，画出其体积关系。云彩的上部与蓝天相接处应清楚，下部则虚幻，要抓住总体感觉，大胆用笔，阴、雨、雾要鲜明。在技法上更多地采用湿画法，以使天空中微妙的色彩变化自然衔接和过渡。

图 4-43　《古镇》

　　如图 4-44 所示，此作品用笔大胆，色块清晰。

　　总之，天空在风景画中占着很重要的地位，天空画得好，就能使画面生动、自然，而画天空应力求快速完成，这样才能画出天空色彩淋漓、透明飘逸的感觉。

　　4.水和投影

　　水是透明而流动的液体，它包括江、河、湖、海、小溪、池塘等水域。画水时必须和环境中的倒影联系在一起，水的静止状态和流动状态下所出现的水纹和倒影是完全不同的，表现也有所区别。静止的水倒影是十分清晰的，有水平如镜的感觉。水中的倒影也很清晰，但明暗度对比略比实景差一些，没有那么强烈，轮廓也模糊些，色彩偏冷。画水要注意与天空

图4-44　天空

和水底的颜色相联系。在逆光的情况下，水的反光很强烈，除了水的固有色之外，更要强调环境、天空和光源色的影响。天空映入水中有"水天一色"的感觉，绘画时要注意两者之间的联系和区别。画流动的水，要注意有潺潺溪水的流动，也有波涛汹涌的大海，而且波浪的暗部与亮部的冷暖关系没有一定的规律，它随光照和环境的影响而变化，因而流动中的水倒影变化非常模糊。总之，写生时要注意细心观察，了解其特征及规律，才能充分画出水的感觉。

如图4-45所示，此作品的水面处理恰到好处，与周围的环境相得益彰。

图4-45　水乡

如图4-46所示，此作品小面积的暖色与大面积的冷色调形成了鲜明对比，画面整体统一。

图 4-46　倒影

5. 山

　　画山要注意远、中、近不同层次的距离。由于空气透视的缘故，远山与近山之间的颜色有很大的差别，远山含蓄迷蒙，色彩明暗对比较弱；近山厚重明朗，结构体积分明。画远山时，要掌握远山的具体特征，主要依靠山的外轮廓线，以及根据自己的真实感觉去画。用湿画法与画天空结合进行，争取在画完天空还未干时就用湿画法把远山画上去，以达到朦胧的效果。画山应力求达到虚中有实，实中有虚的意境。

　　如图 4-47 所示，此作品色彩鲜艳，充斥着春天的气息，画面层次明显。

图 4-47　《山野》孟繁华

6. 地面

　　表现地面时要注意近大远小、近低远高的透视，也要注意色彩的空间透视，并通过比较找出差别。地面上有许许多多的景物及其投影，写生时候要依据空间加以处理，杂草、乱石等一些较琐碎的景物要根据结构和明暗进行提炼与概括，才不至于琐碎。

　　如图 4-48 所示，此作品明暗对比强烈，画面整体统一，有层次感。

图 4-48   《丛林》   孟繁华

4.3.3　风景写生的步骤

选定写生的对象以后，要认真探索构图，即如何将景色艺术性地布局在画纸上。开始时，应将描写的对象看得非常简单，归纳成几块几何形。景物的主体部分是山村，应位于画面的中心部位，和周围的天、山、水、树等景物在构图上要有画面结构上的联系和衬托对比的关系。

大的布局确定以后，然后进一步进行取舍剪裁，勾勒出景物的位置及形体的大轮廓。最后具体画出景物的基本形和结构关系，没有意义的景物都不应纳入构图之中，也可以将景物的位置作些移动，以使主题内容更集中、更鲜明，在构图形式上更完美。

4.3.4　色彩风景作品精选

图 4-49 构图主次得当，画面整体统一，色调清晰。

图 4-49　《太行山下》　孟繁华

图 4-50 青葱的植物在山间穿插，山体的受光面和背光面的植物形成明显的色调对比，水面刻画生动。

图 4-50　《郭亮的山水》　孟繁华

图 4-51 的画面色调明快，所表现的景物季节性明确，视觉冲击力强。

图 4-51　《太行的秋》　孟繁华

图 4-52 色调充满了秋意，草坪、树木及远处的建筑之间的位置关系处理恰当，色彩丰富。

图 4-52　《初秋的公园》　周慧

图 4-53 笔触干脆肯定，色彩把握恰到好处。

图 4-53　《河畔的小路》　周慧

图 4-54　建筑体积感强，极具北方特色，画面整体统一。

图 4-54　《秋天的石板屋》　孟繁华

图 4-55 大面积的互补色对比使画面感视觉强烈，构图完整。

图 4-55　《峡谷深处有人家》　孟繁华

图 4-56 水面的处理生动逼真，画面整体的处理有灵性。

图 4-56 《河水》 孟繁华

图 4-57 明暗对比强烈，空间关系明确。

图 4-57 《草庙村的石板屋》 孟繁华

图 4-58 画面层次感强烈，一层一层向上的空间在图中表现很好。

图 4-58 　《初春的太行》　张璐

图 4-59 把石板岩这个地区的特色——石头显得生动形象，画面整体感强。

图 4-59 　《山路边的院落》　张玮玮

图 4-60 这幅作品把山与水的共存表现得很好，采用干湿结合的画法，把山水描绘得活灵活现，画面统一。

图 4-60 《太行的山水》 孟繁华

单元小结

色彩是建筑专业的基础课程，其任务是培养学生认识色彩和表现色彩的综合能力，从而提高学生对色彩感受的敏锐性，建立清晰明确的色彩概念，并具备较强的表现能力，为今后的学习打下基础。

能力训练

1. 色彩静物组合写生训练。
2. 室外色彩风景写生训练。

单元5

造型基础——速写

【单元概述】

本单元主要介绍了速写的基础知识、建筑速写的表现形式和画法步骤。

【学习目标】

1. 掌握速写的基础知识、基础理论和基本技能。

2. 培养灵敏的观察、感受能力，迅速捕捉物象形神的能力，坚实的造型能力，能够准确、生动、深刻地表现对象。

课题1 速写概论

5.1.1 速写的含义

速写是一种快速的写生技法，是造型艺术的基础，是一种独立的艺术形式，是创作前的准备和记录阶段。随着艺术的发展，速写也成为了美术学习的必学科目。如果非要给它一个"定义"的话，那就是：在较短时间内，运用简略生动的形式语言，准确描绘物象的形貌与神韵。

速写在所有造型艺术的表现手段中，最具有易操作性。速写是捕捉闪现灵感的主观情绪感受，是内心艺术气息最迅速展现的方式。在恣意、洒脱的线条中，以"传神达意"为上品。速写要求形象明确、生动、概括、简洁，不拖泥带水，注重整体，概括地表现它的美妙生动之处、形象的特点、动态的线条、整体感和大的透视关系，这些因素都体现在具有概括、鲜明的形象之中，如图5-1所示。

建筑速写，顾名思义，就是以建筑形象为主要表现对象，用写生的手法，对建筑以及建筑环境进行快速表现的一种绘画方式。它以建筑物为主要表现对象，同时也包含建筑环境所涉及的内容，如自然景物、植物、小品、设施、人物、车辆等内容，如图5-2所示。

图 5-1　《江边的吊脚楼》　孟繁华　　　　　　　　图 5-2　《城楼》　孟繁华

5.1.2　速写的工具

速写对于绘画工具要求不是很严格，但不论选用什么样的工具，都应了解它的性能。从工具的选用上来说，每种工具，都有它自身的优缺点。对于初学者来说，开始时选用较软的铅笔为宜，这样在作画时，可方便修改，但同时要逐渐养成大胆的取舍与概括能力，避免反复修改。当有了些基础，基本掌握了各种工具的性能以后，便可根据所画的内容和自己的喜好来选择工具。

1）笔。常用的有铅笔（软铅为宜）、炭笔、钢笔等，也有用于上色的彩色铅笔、马克笔等。

2）纸。常用的有素描纸、白报纸、绘图纸、复印纸、速写本等。

3）辅助工具。画板或画夹、小刀、橡皮等。

课题 2　速写的选景构图

5.2.1　选景

当我们要表现一个特定的场景时，首先要有明确的立意，并且要抓住能够体现意境氛围的典型元素，借助画面的形式将我们的感受与表现意图传递出来，使人一目了然。在表现大空间时，要抓住重点，对画面进行适当的归纳与概括，尽可能做到繁简得当、主次分明、空间关系明确、画面秩序井然。

我们应该确定所画的主体，在写生选景时，应该选择一些容易把握的、空间画面感比较强的建筑作为画面主要描述的对象，配以周边小景组合成一幅完整的画面。构图时要注意所描绘的主体建筑的位置，一般安排在画面中间偏下的位置，但也根据不同的情况有相应的变化。

5.2.2 构图

在进行速写写生时，要有选择性地构图，抓住主要表现对象，进行深入刻画。

常见的构图形式有：三角形构图（图5-3）、"S"形构图（图5-4）、平行线构图（图5-5）、垂直构图（图5-6）、对角线构图（图5-7）、圆形构图（图5-8）等。

图5-3 三角形构图

图5-4 "S"形构图

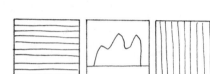
图5-5 平行线构图

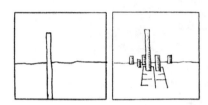
图5-6 垂直构图

图5-7 对角线构图

图5-8 圆形构图

课题3 建筑速写的表现形式与整体的画法步骤

5.3.1 建筑速写的表现形式

1. 建筑的局部表现

墙体和屋顶的表现方法如图5-9~图5-14所示。

2. 配景的表现

植物的表现方法如图5-15~图5-20所示。

3. 人物的表现方法

人物的表现方法如图5-21所示。

5.3.2 马克笔建筑风景速写步骤

现以图5-22的实景为例，说明马克笔建筑风景速写步骤。

1）取景构图，如图5-23所示。

图 5-9　石墙的表现方法

图 5-10　泥墙的表现方法

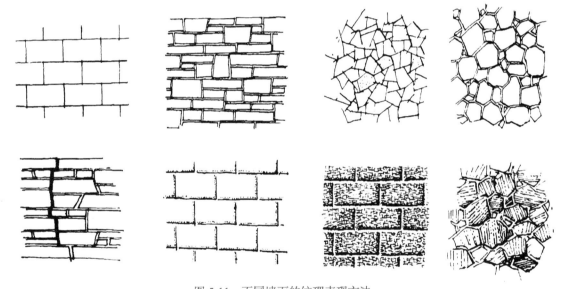

图 5-11　不同墙面的纹理表现方法

图 5-12　瓦屋顶的表现方法

图 5-13　石板屋顶的表现方法

图 5-14   不同种类屋顶的表现方法

图 5-15   树木及灌木的表现方法

图 5-16　树木的表现方法（一）

图 5-17　树木的表现方法（二）

图 5-18　枯树的表现方法

图 5-19　石块与树木的表现方法

图 5-20　大树的表现方法

图 5-21　不同的人物组合表现

图 5-22　实景

图 5-23　马克笔建筑风景速写步骤一

2）细致刻画画面中出现的主要景物，如画面中出现近处的景物——小桥、花草树木等，如图 5-24 所示。

图 5-24   马克笔建筑风景速写步骤二

3）用马克笔画出大的色彩关系，如图 5-25 所示。

图 5-25   马克笔建筑风景速写步骤三

4）用马克笔详细的表现景物，从整体到局部循序渐进，不断完善画面，如图 5-26 所示。

图 5-26　马克笔建筑风景速写步骤四

5.3.3　建筑风景速写作品精选

图 5-27 以建筑为主，辅以树木，重点刻画建筑结构和绿色植物，而用寥寥几笔来描绘石板路和远景，这样对比，空间感强，画面丰富、生动。

图 5-27　《凤凰古镇一角》　孟繁华

图 5-28 采用三角形构图，把建筑和人物很好地融合在一起，建筑的静态和人物的动态形成鲜明对比，细节描绘充实。右上角的电线看似杂乱，却起到了平衡画面的作用。

图 5-28　《凤凰街景》　孟繁华

图 5-29 描绘了凤凰古镇沱江边的风景。古镇的建筑结合江边的植物，别有一番情调。画面着重建筑和植物的描绘，用笔细致，远近景关系处理恰当，层次感鲜明，波光粼粼的水面也刻画的栩栩如生。

图 5-29　《凤凰的沱江边》　孟繁华

图 5-30 着重描绘吊脚楼建筑结构，尤其在屋顶瓦片的刻画上用笔细腻，井井有条。

图 5-30 《沱江边的吊脚楼》 孟繁华

图 5-31 描绘了凤凰古镇中一标志性建筑物，采用三角构图，画面主次明确，用笔流畅。虽然城楼在画面中处于较远位置，但却是整幅作品的中心，与下面低矮的建筑、人群、植物形成了和谐的画面。

图 5-31 《凤凰的城楼》 孟繁华

图 5-32 展现了安徽西递街角一景，简单的线条把徽派建筑的特点描绘得非常明确，人物、植物、汽车等配景使画面更加生动。

图 5-32　《安徽宏村街景》　孟繁华

图 5-33 描绘了安徽西递幽静的小巷。作者着重徽派建筑白墙灰瓦特征的描绘，配以马克笔的阴影表现，以及少量鲜明的颜色作对比，施色虽少却并不单调。

图 5-33　《西递的巷子》　孟繁华

　　图 5-34 选景于西递村外围，主要描绘了局部建筑和植物的搭配。画面着重表现植物的色彩和层次，不同种类的植物运用了不同的线条，与绿色植物相呼应的建筑则为次要表现。

图 5-34 《西递街边》 孟繁华

　　图 5-35 描绘了西递一处标志性建筑，着重祠堂门头的刻画，用笔细致大胆，线条一丝不苟，再配以合适的色彩，充分表现了建筑古朴厚重的质感。

图 5-35 《祠堂》 孟繁华

图 5-36 描绘了宏村入口处的一角，以平行构图表现了汽车、树木、建筑和天空的层次关系，以鲜明的色彩加强了景物的质感，突出了景物的特征。

图 5-36 《日渐繁华的宏村》 孟繁华

图 5-37 描绘了西递一条非常繁华的街道。以建筑为表现主体，白墙、木栅栏通过深入的色彩表现得非常生动，配以一些简单线条、鲜艳衣着的人物，很好地中和了画面中稍显沉闷的色彩搭配。

图 5-37 《西递的街景》 孟繁华

图 5-38 描绘了公园里的一处建筑。通过崎岖小路的描绘引入建筑主体，配以高耸的树木，使整个画面构图非常协调。建筑和植物的细节也刻画得准确而精致。

图 5-38 《公园一隅》 毛雪雁

图 5-39 表现了宏村的一条小路。作品利用 X 形构图把建筑墙面和植物很好地划分开，但又达到了和谐统一的效果。整体线条表现简单但非常严谨，配以少量色彩的补充，使画面更加生动。

图 5-39 《宏村小路》 张红燕

图 5-40 描绘了白墙灰瓦的徽派建筑，线条流畅，结构严谨，建筑特点表现准确。茂密的树木和白墙形成了黑白对比，加上简单的人物点缀，更加丰富了画面的层次。

图 5-40 《宏村院落外》 张红燕

单元小结

掌握速写的基础知识、基础理论和基本技能，把写生所得应用于艺术创作，转化为素质，通过速写练习，观察生活，能够用美术语言表达自己的内心感受，激发审美情感。

能力训练

1. 速写配景训练。
2. 建筑室内外速写训练。

参考文献

[1] 徐海鸥.水粉画技法 [M].北京：中国纺织出版社，2004.

[2] 史国强，刘钢.素描 [M].济南：山东美术出版社，2003.

[3] 王佳，张行彦.风景速写 [M].上海：上海交通大学出版社，2011.